EXTRAIT DU JOURNAL *LE BÉLIER*

L'ASPERGE

PAR

J. GÉROME

Ancien élève de l'Ecole Nationale d'Horticulture
de Versailles.

NANCY

IMPRIMERIE DE G. CRÉPIN-LEBLOND
Passage du Casino.

1890

Extrait du Journal *LE BÉLIER*

L'ASPERGE

Ses divers modes de culture

De nombreux écrits ont été publiés sur l'asperge et sur sa culture ; les quelques mots que je pourrai dire à ce sujet n'apprendront rien de nouveau ayant trait à cette plante ; mais pour des causes diverses, ces écrits ne sont pas assez répandus dans les campagnes, ce qui fait que la culture de l'asperge, en dehors de certaines contrées où elle est une spécialité, ne se rencontre plus dans les jardins que par exception, comme un légume de luxe.

Mon but, en écrivant ces quelques pages, est d'indiquer aux cultivateurs et aux jardiniers les meilleurs procédés de culture applicables à cette plante, pour en retirer de rémunérateurs produits.

Je dois faire remarquer que les renseignements qui font l'objet de cette notice, sont tirés en grande partie des notes que j'ai pu prendre aux cours de l'Ecole nationale d'horticulture de Versailles. Ce sera, du moins je le crois, une bonne fortune pour les lecteurs de pouvoir profiter des conseils et de l'expérience de notre vénéré maître, M. Hardy, directeur de l'Ecole d'horticulture de Versailles, qui a bien voulu m'accorder l'autorisation de publier ces notes.

L'*Asperge* est une plante légumière très appréciée, et sa culture bien comprise peut donner d'importants profits, principalement à la proximité des grandes villes.

L'asperge cultivée (*Asparagus officinalis*) appartient à la famille des Liliacées. C'est une plante vivace à rhizome rampant, qui porte des racines simples, épaisses, charnues, rangées circulairement et horizontalement autour de lui ; c'est à cette disposition que l'ensemble du rhizome et des racines doit le nom de *griffe*. Cette griffe émet des bourgeons, nommés *turions*, tendres dans leur jeune âge et qui, en se développant, deviennent très rameux, atteignent 1m50 et 2 mètres de hauteur, et à la fin de la saison deviennent ligneux. Les turions sont la partie comestible de la plante, et sont consommés quand ils sont encore tendres.

L'asperge, originaire des contrées maritimes du sud de l'Europe, est très rustique ; elle résiste aux plus grands froids, comme aux grandes sécheresses. Tous les climats de la France peuvent lui convenir ; les sols où elle réussit le mieux sont les terrains sablonneux ou calcaires très sains, d'une consistance moyenne, faciles à s'échauffer (cette dernière condition augmente la précocité de la récolte). Les sols humides peuvent encore être cultivés en asperge s'ils ont le sous-sol perméable, si l'humidité n'est pas stagnante, et si la plantation est faite très peu profondément. En tout cas, la récolte sera plus tardive que dans les sols sains.

De quelque nature que soit le terrain, il ne sera jamais trop fertile, et il est indispensable de le fumer fortement et *d'avance* avec des engrais à décomposition lente, tels que des chiffons de laine, déchets de fabrique de drap, fumier de ferme bien décomposé, rapure de corne, etc. ; puis, pour les cultures d'entretien, des engrais à décomposition rapide sont ce qu'il y a de mieux.

L'accroissement du rhizome de l'asperge se fait en hauteur par la superposition des étages annuels de racines ; le rhizome tend donc à sortir de terre. C'est ce fait que les cultivateurs expriment quand ils disent que l'asperge *remonte*. Cette propriété est connue de longtemps, et pour y remédier, les cultivateurs d'asperges plantaient les griffes très profondément. Cette manière de faire a été reconnue mauvaise, et depuis plusieurs années, aux environs d'Argenteuil surtout où cette culture est la plus perfectionnée, on plante l'asperge le plus superficiellement possible, et, de plus, les racines sont presque mises à découvert pendant l'hiver au moyen du débuttage.

Une bonne aspergerie peut durer 25 à 30 ans ; et il faut un laps de temps au moins double de la durée de cette culture avant de pouvoir de nouveau replanter le sol en asperge, à la condition de préparer le terrain convenablement, et de lui restituer au moyen d'engrais chimiques tous les éléments prélevés par la première culture. Les bons cultivateurs d'asperges estiment même qu'un terrain qui a été planté en asperges ne doit plus jamais porter cette culture. Ce *jamais* est un peu long, et si l'on n'a pas à sa disposition des sols neufs, on peut faire revenir l'asperge sur elle-même après une quarantaine d'années.

Variétés

Toutes les variétés d'asperges sont issues d'une même espèce botanique, l'*Asparagus officinalis* ; cependant on en rencontre d'autres espèces, telles que l'*A. acutifolius* qui pousse à l'état sauvage dans les lieux incultes du sud de la France et dont les turions sont vendus sur les marchés ; et l'*A. verticillatus*, originaire d'Asie Mineure, employée dans quelques jardins comme plante ornementale. Je ne citerai que pour mémoire l'*A. plumosus*, et autres espèces analogues qui ornent les serres.

Les variétés horticoles de l'asperge officinale peuvent se réduire à 3 : l'*asperge d Aubervilliers* ou asperge verte commune, peu estimée sur les marchés à cause de sa couleur ; l'*asperge de Hollande*, et l'*asperge d'Ulm*. Dans cette dernière variété le turion a une tendance à s'aplatir ; son extrémité est très violacée. C'est l'asperge de Hollande qui est la plus cultivée ; sous l'influence d'une bonne sélection des porte-graines, d'une bonne culture, et de conditions locales de climat et de terrain, cette variété a donné naissance à de nombreuses sous-variétés, dont les plus connues sont l'*asperge hâtive d'Argenteuil*, et l'*asperge tardive d'Argenteuil*. Quant aux variétés d'asperges dites de Besançon, de Gand, de Vendôme, de Tours, etc., ce ne sont que des asperges d'Argenteuil, un peu modifiées suivant le sol et le climat.

MULTIPLICATION

Il arrive rarement que le cultivateur élève lui-même les asperges qu'il doit planter; l'élevage des jeunes griffes constitue une spécialité qui ne peut être bien faite qu'à la condition de l'être sur une assez large échelle.

D'un autre côté, la graine d'asperge ne se trouve guère dans le commerce ; les producteurs se la réservent pour l'obtention des griffes qu'ils vendent avec profit. Ce n'est donc que très rarement que le cultivateur a intérêt à faire les jeunes plants d'asperge chez lui ; si ce cas se présente, les renseignements qui suivent pourront lui être très utiles. L'asperge se sème ordinairement en lignes distantes de 15 à 20 cent. ; l'époque du semis varie suivant que l'on veut, au moment de la plantation au printemps, avoir du plant de 1 ou de 18 mois. Pour ce dernier, on sème en juillet. Le plant de 18 mois ne vaut pas celui d'un an ; mais on est obligé de semer à cette époque, dans bien des cas, par exemple pour se mettre à l'abri des ravages du *criocère*, petit insecte coléoptère dont la larve ronge les jeunes semis d'asperges; ce criocère de l'asperge passe à l'état d'insecte parfait à la fin de juin ; en cet état, il n'est plus dangereux. C'est sa grande abondance dans certaines contrées qui justifie la pratique des semis de juillet pour obtenir du plant de 18 mois.

Quelle que soit l'époque du semis, il doit être fait clair, et en rayons d'une profondeur moyenne de 4 à 5 cent. au plus. Il est bon de le recouvrir de terre légère, mélangée de vieux terreau usé. La levée sera hâtée si on donne de fréquents bassinages : le sol d'un semis ne doit pas se dessécher, surtout pour celui qui est fait en juillet. Un éclaircissage, laissant les jeunes asperges à 8 ou 9 cent. en tous sens, est fait sitôt qu'on le peut, et avec soin, afin que les plantes qui restent ne soient pas ébranlées par l'arrachage de leurs voisines. (Il vaudrait mieux couper entre deux terres les plantes à enlever que de les arracher ; de cette façon les autres ne seraient pas dérangées). Un mouillure, avant et après l'éclaircissage, est indispensable pour bien faire l'opération. Pendant l'été il n'y a qu'à sarcler à la main entre les plantes, et arroser ; un paillis épais, maintenant le sol propre, épargnera bien des arrosages. Ce qu'il convient surtout d'éviter, c'est de biner dans la planche de semis avec un outil tranchant, on couperait nombre de racines. — En prenant les soins énumérés, le cultivateur de griffes d'asperge obtient en octobre, de semis faits en mars, des plantes mesurant 50 et 60 cent. de hauteur, et dont les griffes peuvent être plantées. L'arrachage, pour être bon, doit être fait à la fourche à dents plates ou au crochet. C'est à partir de novembre jusqu'en fin d'avril que les griffes d'asperge sont disponibles chez les spécialistes.

Choix des griffes

Pour certains modes de culture que nous verrons plus loin, les griffes doivent présenter des caractères tout spéciaux ; mais, pour la culture ordinaire, les griffes que l'on doit rechercher, et exiger du vendeur sont celles qui ont les racines courtes, bien nourries, peu nombreuses, de grosseur égale dans toute leur longueur ; le collet de la griffe doit être large, ne portant que très peu d'yeux, mais ceux-ci doivent avoir un fort empâtement, et être arrondis. Les griffes qui ont des racines nombreuses, grêles, munies d'un grand nombre d'yeux petits et pointus ne donnent généralement que de médiocres récoltes et doivent être rejetées. — Les griffes d'un an sont les meilleures ; si celles de 18 mois sont encore fréquemment utilisées, cela tient, nous l'avons déjà dit, qu'on cherche à se garer des ravages du criocère. La reprise des griffes de 2 ans n'est pas assurée, et elles donnent des produits bien inférieurs à ceux des griffes d'un an. — De plus, contrairement à certains avis intéressés, il faut employer de préférence des griffes fraîchement arrachées. Il est vrai que les marchands de griffes affirment que celles qui sont arrachées depuis longtemps reprennent mieux que les fraîches ; ce dire est peut-être conforme à leurs intérêts immédiats de commerçants ; il ne doit pas cependant être considéré comme une règle qu'il faille suivre aveuglément.

Modes de culture

L'asperge se cultive de plusieurs manières, et à plusieurs points de vue. Les modes de culture qu'on lui applique peuvent se ranger sous 2 clefs : les *cultures de plein air*, et les *cultures de primeur*.

Les dernières méthodes sont surtout du domaine purement jardinique, tandis que la culture en pleine terre et en plein air peut être abordée et réussie par tout le monde. Je m'occuperai donc d'abord de la culture de l'asperge en plein air. Il faut commencer par dire que suivant les localités. les procédés employés varient beaucoup, et sont généralement défectueux ; je ne m'arrêterai donc guère sur ce qui se fait, pour indiquer plus vite aux lecteurs ce qui devrait se faire. Les deux modes de culture, la *culture en jardins*, et la *culture d'Argenteuil* sont les deux meilleurs modèles que l'on puisse suivre. Nous dirons ensuite quelques mots de la culture de l'asperge à la charrue, en plein champ, et de la culture dans les vignes ; puis nous passerons rapidement en revue les procédés employés dans la culture forcée de l'asperge, telle que la font les spécialistes.

Culture en Jardin

Ce mode de culture n'est pas le plus perfectionné ; mais il est néanmoins très-recommandable. Nous avons vu plus haut les soins qu'il faut apporter dans le choix des griffes ; le lecteur s'y reportera.

Suivant les climats, la position géographique du lieu, la nature du sol, etc., la plantation se fait à des époques différentes : pour le Midi et le Centre de la France, la plantation peut se faire en Octobre et Novembre si le sol est léger et perméable ; et au printemps dans les terres froides et compactes. Pour le Nord et l'Est de la France, il est préférable de planter au printemps, sans toutefois dépasser le mois d'Avril, parce qu'à cette époque la végétation des jeunes turions est commencée ; on risquerait, en plantant tardivement, d'avoir une reprise peu assurée, en même temps qu'on pourrait briser les jeunes turions, espérances de la plantation. Je puis donc résumer, pour ce qui a trait à l'époque de la plantation, en ces mots : *Planter d'autant plus tôt qu'on est plus au Midi ou que le terrain est plus chaud, pour terminer par les sols froids et compacts, tout en ne dépassant pas pour ces derniers le mois d'avril.*

On n'a pas toujours le choix du terrain ; mais toutes les fois que l'on pourra disposer d'un sol exposé un peu en pente au midi ou au levant, les produits obtenus dans un tel sol seront plus hâtifs que dans tel autre de même nature, mais plat, et exposé soit au Nord, soit à l'Ouest. Dans toutes les circonstances, le voisinage immédiat des grands arbres nuit aux plantations d'asperges par l'ombrage, et par les racines.

Le terrain destiné à une plantation d'asperges n'est jamais trop ameubli à la surface ; mais il ne faut pas défoncer ce sol comme on le recommande quelquefois : l'asperge doit être plantée sur un fond ferme, sans cela ses racines au lieu de s'étendre horizontalement, «*piqueraient*», ce qui est désavantageux. Il est donc bien entendu que le terrain destiné aux asperges ne sera pas défoncé ; mais dès l'automne on doit lui donner un labeur grossier pour l'exposer pendant l'hiver à l'action des gelées ; puis au printemps on donne un léger labour, accompagné d'un enlèvement soigneux de tous les corps étrangers : pierres, plâtras, etc., qui peuvent se trouver dans la terre et feraient dévier les turions lorsque ceux-ci les rencontreraient.

Le terrain bien préparé, nettoyé, ameubli, est partagé en planches d'un mètre de largeur ; ces planches sont creusées de deux en deux à une épaisseur de 0 m.30 ; la terre de cette tranchée est jetée sur la planche voisine où elle forme ados.

Les planches creuses sont ensuite remplies, sur une épaisseur de 10 ou 12 centimètres, de fumier bien décomposé, ou de gadoue de ville si on peut s'en procurer. Cette fumure étant mise, il reste dans la tranchée un vide de 18 à 20 centimètres. On plante dans la tranchée sur 2 rangs distants entre eux de 0 m.50 ; les griffes sont à une distance plus grande sur la ligne, environ 0 m.60. A l'endroit que doit occuper une griffe, on fait un petit cône surbaissé de terre sur lequel on a soin de placer la griffe convenablement en étalant les racines horizontalement ; puis on la recouvre de 0 m.05 de terre que l'on a soin de tasser légèrement et un petit piquet indique la situation de la griffe. La plantation étant ainsi faite dans toutes les lignes on comble la tranchée, entre les planches avec la terre des ados, et il n'y a plus qu'à attendre la végétation. Si le printemps est sec, on fera fort bien de donner quelques mouillures pour favoriser la reprise des griffes. De fréquents binages maintiendront le sol meuble, propre et aeré, condition tout particulièrement importante dans la culture de l'asperge. Dès que le mois d'octobre de cette première année est venu, et que les tiges sont mortes, on les coupe à quelques centimètres au-dessus du sol, pour laisser voir la place des griffes, ensuite on donne une fumure en couverture qui est laissée jusqu'au printemps. Les eaux de pluie et les neiges fondues entraînent petit à petit, dans le sol, les principes solubles contenus dans cet engrais, et les asperges profitent mieux de cette fumure que si elle avait été enfouie par un labour. Au printemps de la deuxième année, on enleve les bouts de tiges sèches ; puis par un léger labour on enterre les débris de la fumure en couverture mise à l'automne précédent. Pendant l'été de cette deuxième année, il n'y a d'autres soins à donner que des binages superficiels.

Durant ces deux premières années, les ados sont utilisés par des cultures intercalaires, telles que haricots et pois nains, fèves naines, pommes de terre marjolin, salades, etc. ; la 3e année ces cultures intercalaires doivent cesser ; d'ailleurs, à cette époque, les tiges d'asperge commencent à couvrir entièrement le terrain.

La récolte des premières pousses se fait déjà cette 3e année, sur les pieds vigoureux seulement ; mais on ne doit encore cueillir que 3 ou 4 turions au plus sur chaque touffe. Les plantes sur lesquelles on doit récolter cette année, ont dû être buttées dès le mois d'avril.

L'année suivante, on peut récolter sur toutes les touffes, et même il ne faut pas différer plus longtemps dans l'espoir d'obtenir de meilleurs produits.

La récolte de l'asperge pendant les premières années se prolonge graduellement d'année en année, et dure 3, 4, 5 semaines, 2 mois, pour se terminer dans les vieilles plantations à la fin du mois de juin ; à cette époque il faut cesser toute récolte. (D'ailleurs les autres légumes ne sont pas rares à ce moment).

La cueillette de l'Asperge peut se faire à la main quand le sol n'est pas trop dur et que la quantité à récolter est faible ; mais le plus ordinairement on se sert d'une gouge que l'on enfonce dans la butte le long de l'asperge jusqu'à ce qu'on rencontre le rhizôme ; puis par un léger coup de main, on fait sauter l'asperge. Cet instrument casse souvent de jeunes turions à la base de celui que l'on coupe ; mais malgré tout, c'est encore l'outil qui est préféré. Les anciens couteaux à asperges, couteaux à scie, etc., sont d'un emploi bien plus désavantageux.

Dans une aspergerie en plein rapport, on fera bien de ne pas couper tous les turions, mais de laisser dès le début 1 ou 2 pousses se développer, à titre d'appel de sève.

Le *buttage* de l'asperge, dont le but est de permettre d'obtenir une plus longue partie comestible, ne doit pas être permanent : les buttes sont défaites en septembre, par un temps sombre de préférence à tout autre. Il suffit pour l'hiver qu'il y ait $0^{m},10$ de terre sur les griffes, puis on y apporte une bonne fumure d'engrais de ferme décomposé ou de terreau. Les soins que nécessite l'aspergerie à partir de la 3e année sont donc peu nombreux : un léger labour au printemps, pour alléger le sol et enterrer la fumure en couverture mise à l'automne ; un buttage, la cueillette, un débuttage, et une fumure en couverture à l'automne.

Le rendement obtenu par cette culture varie avec les sols et nombre d'autres circonstances ; le maximum est de 40 bottes par are, ces bottes pesant 3 kilogrammes, d'une circonférence moyenne de 0,m55 au milieu, et 0,m40 aux 2 bouts. Le rendement moyen varie de 25 à 30 bottes par are. La mise en bottes est une opération assez délicate, mais qui se fait assez vite et régulièrement si on emploie un instrument spécial, le moule à bottes d'asperges, qui seul permet de faire ces bottes bien rondes et bien régulières, qualités qui facilitent la vente.

2. Culture d'Argenteuil

Ce mode de culture est supérieur au précédent ; il en diffère essentiellement par la disposition donnée au terrain, la distance des plants, et certains autres détails d'exécution. Tout ce qui a été dit, dans le chapitre précédent, sur le choix des griffes et du terrain, trouve sa place ici.

A l'automne qui précède la plantation, on donne au sol une très forte fumure, soit 500 à 600 kilos par are.

Le sol n'est pas non plus défoncé ; on se contente de donner un grossier labour d'hiver pour enterrer le fumier, mais sans casser les mottes. En février ou en mars, il faut se préparer pour la plantation : le terrain est divisé en tranchées et en ados (dirigés autant que possible du nord au sud). Les tranchées ont 0,^{m}60 de largeur, et sont séparées par des ados de 0, 70. On ne creuse qu'à 0,^{m}08 ou 0,^{m}10 au lieu de 0,^{m}30 comme dans la culture précédente. Comme on ne doit planter que sur une seule ligne dans la tranchée, les lignes d'asperges sont séparées entre elles de 1,^{m}30. Quelques personnes, trouvant sans doute cette distance exagérée, ne donnent que 0,^{m}45 à la tranchée et 0,^{m}55 à l'ados, ce qui fait 1^{m} entre les lignes ; mais il est reconnu généralement que la distance de 1^{m} 30 est préférable.

La terre enlevèe de la tranchée, (0^{m} 08 de profondeur) est jetée sur l'ados ; on indique sur le milieu de la tranchée, à 0^{m} 90 ou 1^{m} de distance, par un petit bâton, la place de chaque griffe. A l'endroit marqué on ouvre un trou circulaire de 0^{m} 20 de diamètre, 0^{m} 10 de profondeur, dans lequel on dépose une pelletée de fumier bien décomposé (environ 0^{m} 08 de hauteur), on recouvre d'une petite épaisseur de terre mise en monticule, sur laquelle on place la griffe qui est alors recouverte de 0^{m} 04 ou 0^{m} 05 de terre ; la place de la griffe reste indiquée par un petit bâtonnet, et la tranchée est comblée avec de la terre, à laquelle on ajoute des gadoues passées à la claie, ou du fumier décomposé, etc.

Pendant la première année, les deux choses les plus importantes à faire sont es binages et le tuteurage. Le fond de la tranchée doit être propre, meuble et frais ; un paillage associé au binage permettra d'obtenir ces conditions. Il est aussi très important que les tiges d'asperges ne soient pas ébran ées par le vent, ou cassées, et voici pourquoi : Nos asperges, plantées très superficiellement, n'offrent pas les premières années une grande résistance au vent ; si leurs tiges viennent à être cassées, ou la touffe ébranlée, la végétation est entravée, la sève se porte sur les yeux qui sont à la base de ces tiges, yeux qui ne devraient se développer que l'année suivante, et qui, par suite du trouble apporté dans la végétation, se développent prématurément, l'année même de leur formation, en asperges minces, grêles, d'aucune valeur, ce qui diminue la récolte suivante.

La première année, de simples bourdaines, baguettes de coudrier, suffisent pour le tuteurage, mais de plus forts tuteurs doivent être employés pour les années suivantes. Ce tuteurage ne doit pas encore se faire à la légère : le tuteur doit être placé obliquement près de la touffe d'asperge, afin que sa pointe ne puisse détériorer la griffe, ni les racines. Ce petit conseil, bien que paraissant banal, a bien sa valeur.

Pendant la première année qui suit la plantation, on peut, comme dans la culture précédente, faire des cultures intercalaires dans les ados, mais en fumant ceux-ci. En octobre, les tiges sont coupées ; puis l'asperge est déchaussée sur une circonférence de 0m,30 environ, sans toutefois découvrir le collet ; on apporte ensuite sur chaque griffe une épaisseur de 7 à 8 centimètres de fumier bien décomposé et, si le sol est peu fertile, on peut en mettre sur toute la surface. Au printemps de la 2e année il faut enterrer le fumier, remplacer les vides s'il y en a, puis tuteurer, biner, déchausser, à l'automne remettre du fumier, tout comme l'année précédente.

Nous voici arrivés à la troisième année de plantation : on peut récolter 3 ou 4 asperges sur celles des touffes qui partent à bois. En mars, les tiges sèches sont d'abord enlevées, et un léger labour est fait ; puis on butte faiblement, 7 ou 8 centimètres, les touffes où on ne récolte pas encore ; les autres, où l'on pourra prendre 3 ou 4 asperges seront buttées de manière à obtenir un mamelon aplati, de 20 centimètres de haut. Ce buttage a pour but de donner de la longueur à l'asperge ; si le sol est froid, on peut le faire, et avec avantage, en 2 fois, à 7 ou 8 jours d'intervalle.

Voici sur quoi s'appuie cette pratique : en buttant en une seule fois dans les sols compacts et froids, par suite de l'épaisseur de terre accumulée autour de l'asperge, la chaleur ne peut plus pénétrer jusqu'à elle, et le développement de l'asperge peut être retardé de 8 jours.

Dans les sols meubles, s'échauffant vite, il n'est pas nécessaire de faire le buttage en 2 fois ; cependant on gagnera en précocité si on le fait

Pendant les 3 premières années, la terre mise sur les ados au moment de la plantation a été employée à recharger les griffes et à butter ; or, ellecommence à diminuer.

Il convient alors d'apporter une fumure sur les ados, et de labourer ceux-ci profondément, en incorporant bien le fumier au sol. C'est cette terre qui servira aux buttages les années suivantes.

A la 6e année l'aspergerie est en pleine production, la récolte peut durer 2 mois, jusqu'à la St-Jean (24 juin) mais il vaut mieux cesser la récolte vers le 10 juin, la production de l'année suivante y gagnera en précocité. A partir de cette époque, on peut fumer tous les 2 ans seulement (mais ne pas négliger de le faire) avec des engrais à décomposition lente, mis en couverture à l'automne, après avoir déchaussé les griffes.

Les ados seront fortement fumés et

défoncés tous les 4 ans, et de cette façon, une aspergerie peut durer 18 à 20 ans en pleine production.

La récolte se fait tous les jours, ou tous les 2 jours, le matin, à la fraîcheur : l'asperge récoltée dans ces conditions se conserve mieux, et les jeunes turions ne risquent pas d'être frappés par l'air et le soleil comme cela aurait lieu si on récoltait au milieu du jour.

L'asperge une fois cueillie ne se conserve pas longtemps fraîche ; il faut qu'elle soit consommée de suite pour être bonne. On ne peut en prolonger la conservation que de quelques jours seulement, et de la façon suivante : les asperges, sitôt la récolte faite, sont étendues sur un lit d'herbe fraîche, ou mieux sur du seigle vert fraîchement coupé, dans une cave obscure, ou tout autre endroit frais et à l'abri de la lumière. Elles se conservent ainsi pendant 5 à 6 jours ; elles deviennent même plus fermes mais perdent un peu de leurs qualités. Les asperges qui ont été lavées, ou simplement rempées dans l'eau, ont meilleure apparence que les autres, mais se conservent moins, et sont moins savoureuses.

Je crains d'avoir été un peu trop diffus dans la description de cette culture d'Argenteuil ; ce défaut trouve son excuse dans le désir de ne rien omettre de ne laisser passer aucun détail ; c'est pourquoi je crois utile de résumer en quelques lignes, qui seront pour ainsi dire le Code de la culture de l'asperge, tout ce qui a été dit sur ce sujet ; voici les douze articles de ce code :

1° *Planter des griffes d'un an, bien choisies, de race bien pure ;*

2° *Préparer le sol à l'automne par un labour grossier, et une forte fumure d'engrais à décompsition lente ;*

3° *Planter au printemps suivant, très superficiellement, et à de grandes distances ;*

4° *Fumer chaque année en couverture à l'automne avec des engrais facilement assimilables, et enfouir cette fumure au printemps par un léger béquillage ;*

5° *Fumer ensuite tous les deux ans à partir de la 6e année, toujours à l'automne, et en couverture ;*

6° *Butter l'asperge pour deux motifs: augmenter la longueur de la partie utile du turion, et pour protéger la griffe de la sécheresse ;*

7° *Débutter chaque automne, et déchausser de manière à laisser 0 m. 07 à 0 m. 08 de terre sur la griffe, afin qu'elle reçoive l'action de l'air ; elle sera un peu protégée du froid par le fumier mis en couverture ;*

8° *Nettoyer à chaque printemps les vieilles tiges sèches coupées à l'automne ;*

9° *Tuteurer l'asperge pendant toute son existence ;*

10° *Ne cueillir que progressivement, ne pas trop épuiser la griffe pendant les premières années ; et de plus conserver pendant la récolte deux ou trois tiges comme appel de sève ;*

11° *Faire la récolte à la main, en remuant la terre de la butte pour la rendre bien meuble ; faire la cueillette de préférence le matin à la fraîcheur ;*

12° *Ne pas prolonger la récolte trop tard, surtout dans la jeunesse de l'aspergerie.*

CULTURE DE L'ASPERGE A LA CHARRUE

Dans les deux modes de culture qui précèdent, l'asperge n'est considérée que comme plante de jardin, oumise à une culture très intensive, permettant d'obtenir des produits de toute beauté et d'une grande valeur, mais à l'aide de grandes dépenses de main d'œuvre.

Depuis quelque temps, l'asperge est sortie du domaine des jardins, pour devenir une plante de grande culture et les résultats obtenus sont très satisfaisants.

Parmi les nombreux procédés culturaux en usage, voici le plus recommandable : On défonce à l'automne à la charrue, à une profondeur de 30 à 40 centimètres. Avant de faire ce défoncement, on a dû fumer abondamment l'année précédente, et faire une récolte de plantes sarclées pour nettoyer le sol. En mars, le champ est jalonné, de manière à obtenir des lignes d'asperges espacées de 1 m.33 ; ces lignes sont tracées à la charrue, et auront une profondeur de 0 m. 15 au plus : elles sont faites de deux raies de charrue formant dérayure. Cette dérayure aura en moyenne 0 m. 55 à 0 m. 60 de large, et la terre jetée de chaque côté formera ados.

Les asperges sont ensuite plantées à plat dans le fond de la dérayure, à 0 m.65 de distance, ce qui permet de mettre 120 griffes à l'are. On recouvre les griffes de 0 m. 12 à 0 m. 15 de terre puis une herse légère égalise le champ. On fume tous les deux ans et le terrain entre les deux lignes est utilisé par les cultures intercalaires de pommes de terre marjolin, pois nains, haricots, etc. etc. Si les engrais de ferme font défaut on pourra acheter avec profit des guanos, du sang desséché ou des résidus des fabriques de drap. La récolte commence vers la 4e année ; il faut alors, un mois avant cette récolte faire un buttage. Cette opération de buttage se fait à la charrue : le cheval est attelé de telle façon qu'il marche sur le côté de la ligne d'asperge. On fait deux lignes à droite et deux à gauche de façon à recouvrir l'asperge de 25 à 28 centimètres de terre. Après le buttage, on passe avec une binette, ou une herse pour briser les grosses mottes, et égaliser le dessus du billon.

Pendant les trois premières années, on peut faire des cultures intercalaires en laissant une planche vide sur 3 ou 4, pour la facilité du service, et des charrois à faire. La récolte commence environ vers le milieu d'avril, et dure jusqu'en fin juin ; elle se fait à la gouge. Environ 16 jours après la cessation de la récolte, c'est-à-dire vers la mi-juillet, il y a une précaution à prendre et voici en quoi elle consiste : comme on ne peut pas tuteurer, il faut *écimer* l'asperge, les pieds femelles au dessus de la douzième ou quinzième branche latérale au plus ; les pieds mâles au-dessus de la vingtième. Cette opération dispense du tuteurage, puis concentre la sève sur le rhizome au grand avantage de la récolte suivante ; de plus elle permet d'éviter l'appauvrissement des griffes femelles par la production de la graine. On donne encore quelques binages puis vers la deuxième quinzaine d'octobre, on procède au débuttage, qui se fait à la charrue, tout à fait à l'inverse du buttage ; mais avant de faire ce travail, on a amené sur le sol une fumure abondante qui est enfouie par le débuttage. Les années suivantes, les mêmes soins se continuent dans le même ordre. Le rendement est moindre que dans la culture en jardin, mais les frais de culture sont ainsi infiniment moins élevés, le cheval et la charrue faisant toutes les façons pouvant travailler 60 ares par jour. On récolte en moyenne 18 à 20 bottes de grand moule par are. Cette culture tend à se répandre de plus en plus, et certains cultivateurs en possèdent jusqu'à 40 hectares d'une seule pièce. Au sujet du rendement argent, ou *bénéfice net* que peut produire cette culture, je trouve dans le *Journal de Vulgarisation de l'Horticulture* année 1880, page 33), la citation d'un propriétaire, M. Broutin, cultivateur aux Fourneaux, commune de Chaingy (Loiret), qui a récolté sur un hectare 3500 bottes d'asperges qui ont produit 7000 francs tandis que les frais de culture n'étaient que de 1600 francs ».

La culture intensive des gros légumes et des fruits n'est pas assez connue ni appréciée des cultivateurs ; c'est pourtant dans cette voie qu'il faut chercher pour augmenter la production nationale.

CULTURE DE L'ASPERGE DANS LES VIGNES.

Si cette façon de cultiver l'asperge n'est pas de la culture jardinière, elle n'est pas non plus de la culture extensive ; et en somme elle n'est pas à recommander.

On me dira que la production de l'asperge vient s'ajouter à celle de la vigne ; la raison est juste mais il n'est pas moins vrai que la culture séparée de ces deux plantes est plus avantageuse. Ce qui explique pourquoi on trouve l'asperge dans les vignes un peu partout, et pourquoi elle donne des produits généralement beaux, c'est qu'elle se trouve dans des conditions de sol qui lui conviennent tout particulièrement, la vigne et l'asperge venant toutes deux a merveille dans les terrains caillouteux et calcaires de la plupart de nos vignobles.

Culture forcée de l'Asperge

La culture forcée de l'asperge rentre dans les attributions du jardinier, et n'est guère pratiquée que près des grandes villes, ou dans les grandes maisons bourgeoises. Cependant je crois que l'indication des procédés de forçage serait lue avec plaisir et profit par ceux-mêmes qui ne les mettent pas à exécution pour le présent ; mais qui sait???...il y a tant d'imprévu... et s'ils se mettent à faire du jardinage... Toutes ces raisons me décident à parler d'un sujet essentiellement horticole dans un journal agricole. Et que mes lecteurs se rassurent, je serai le plus court possible, tout en faisant de mon mieux pour rester clair. De même que la culture en pleine terre, la culture forcée de l'asperge, ou de *primeur*, peut se diviser en deux chapitres, suivant le but que l'on poursuit : cette culture de primeur permet en effet d'obtenir de *l'Asperge blanche*, ou en branche, et de l'*Asperge verte* dite aux petits pois.

L'Asperge blanche peut être obtenue avec trois procédés de culture : 1° culture sur place à l'aide de fumier ; 2° culture sur place à l'aide du thermosiphon ; 3° culture sur couche.

L'Asperge verte s'obtient avec deux procédés de culture : 1° sur couche, 2° au thermosiphon.

Ces jalons étant posés, nous allons dire un mot de chacun de ces cinq modes de culture, nous arrêtant de préférence sur les cultures au fumier qui pourraient être faites facilement par les cultivateurs, tandis que le thermosiphon demande une installation toute particulière.

CULTURE DE L'ASPERGE BLANCHE SUR PLACE, A L'AIDE DU FUMIER.

Pour faire cette culture avec profit, il est nécessaire que la plantation ait été faite dans cette vue, car il y a au sujet de la plantation, de la disposition des planches, etc., des particularités qu'il faut connaître. — Il convient d'abord de choisir un emplacement bien ensoleillé, exposé au midi, abrité en partie des vents froids ; à sol perméable, facile à travailler et s'échauffant facilement. Toutes ces conditions ne se trouvent pas toujours réunies ; mais qu'on en groupe le plus grand nombre possible, et ce sera pour le mieux. Le terrain est divisé par planches de 1^{m},35 de largeur, séparées par des sentiers de 0^{m},65. La longueur de ces planches est indéterminée : cependant pour la commodité du travail il ne faut pas excéder la longueur de 24,27 ou 30 châssis au plus. Les planches seront orientées de l'Est à l'Ouest. Après en avoir marqué les angles avec des piquets, et découpé les bords à la bêche, il faut préparer ces planches pour la plantation ; on doit enlever la terre sur toute la largeur de la planche à une profondeur de 0^{m},40. Ce travail, dans la pratique, se fait différemment suivant qu'on n'a qu'un petit nombre de planches à préparer, ou qu'on en a un carré entier : dans le premier cas, on porte la terre aux deux extrémités de la planche ; dans le deuxième cas on commence par n'ouvrir qu'une planche sur 2, afin de pouvoir jeter la terre sur celle qui est laissée. La planche étant vidée, on nivèle et on tasse le fond de la tranchée bien régulièrement, puis on y apporte une épaisseur de 0^{m},20 de fumier préparé à l'avance, composé de fumier de cheval mélangé de gadoues et de fumier de vache, le tout bien décomposé et mélangé, ce qui va donner un bon fond pour nourrir l'asperge que nous planterons bientôt. Ce fumier est placé en lit régulier et tassé, après quoi on le recouvre de 0^{m}15 de terre très meuble. On trace alors dans la planche 4 lignes, la 1re et la 4e à 0^{m},18 du bord de la planche ; les 2 autres à 0 m. 30 des premières tracées. Cette distance de 0 m. 18 du bord de la planche à la première ligne est justifiée, parce que si on plantait plus près, lors du creusement des sentiers, on endommagerait les racines des plantes de cette première ligne.

On met par châssis 16 griffes en échiquier. Le choix des griffes et la manière de planter demandent autant de soins que pour la culture en plein air que j'ai décrite plus haut : quand toutes les griffes sont plantées, on les recouvre de 0 m. 06 à 0 m. 07 de terre bien émiettée, la terre en excès est laissée dans les sentiers, ou en dépôt ailleurs. Pour que tout soit dans de bonnes conditions, il est nécessaire qu'après avoir rechargé la planche, elle se trouve un peu au-dessus du niveau du sentier pour que, par suite du tassement du fumier, la planche reste à ce niveau. Il est bon de pailler ensuite, et on laisse l'asperge pousser en toute liberté pendant cette année, lui donnant les binages et les arrosages nécessaires. On pourrait utiliser le terrain entre les asperges par des cultures de plantes basses, telles que épinards, salades, carottes, etc. ; mais il vaut mieux ne planter que dans les sentiers.

A la fin d'octobre de cette première année, on coupe les tiges à 0 m. 06 ou 0 m. 07 au-dessus du sol, puis on recouvre le terrain d'une couche de 0 m.05

environ de fumier gras qui restera jusqu'au printemps, époque à laquelle on l'enterrera par un léger *fourchage*, en enlevant tous les corps étrangers qu'il peut contenir, ainsi que les tronçons de tiges sèches.

La deuxième année, nos asperges recevront les mêmes soins : sarclage, binage, tuteurage, etc. ; et à la fin de cette deuxième année, on examinera si le plant est bon pour le forçage. On reconnaît que les asperges sont bonnes à être forcées quand les tiges atteignent la grosseur moyenne du petit doigt. C'est ordinairement après la deuxième année; à cette époque l'asperge a 18 mois de plantation.

On commence à forcer les asperges blanches sur place dans les premiers jours de novembre, et on continue par saisons successives, pour échelonner les produits, jusqu'en mi-février par intervalles de quatre semaines. Le moment de commencer une *saison* étant arrivé, voici comment on opère : les sentiers sont découpés au cordeau, puis labourés ; la planche étant nettoyée, on la recouvre de 0 m. 25 de terre bien ameublie et épierrée, prise dans les sentiers. Les griffes sont donc de cette façon recouvertes de 0 m. 30 environ, ce qui est suffisant pour obtenir la longueur d'asperge demandée par les consommateurs. L'excédent de la terre des sentiers est enlevé à la hotte.

Ces sentiers sont creusés plus ou moins suivant la quantité de fumier dont on dispose, suivant le moment du forçage, la température extérieure, etc. Dans tous les cas, il ne faut jamais dépasser 0m.65 de profondeur : il y aurait trop de terre à enlever, et ensuite la chaleur obtenue par le fumier placé dans ce sentier serait trop vive, ce qui pourrait nuire à la récolte. Mais par contre, il ne faut pas que ces sentiers aient moins de 0m,50 de profondeur. La température du fumier mis dans les sentiers se communique de proche en proche à la terre ; elle doit varier de + 18° à + 23 degrés. Le fumier employé pour remplir ces sentiers est un fumier préparé pour cet usage : il comprend du fumier de cheval le plus chaud possible mis en tas à l'avance, auquel on mélange intimement une partie égale de fumier recuit, le tout fortement mouillé, pour obtenir une température plus soutenue et plus régulière. Du fumier frais employé seul donne une forte chaleur très promptement mais qui est bien vite épuisée. On peut aussi utiliser dans ces sentiers des feuilles sèches, du fumier de vache, etc. ; l'essentiel est que les fumiers soient bien mélangés, mouillés et tassés. On monte les sentiers à la hauteur des planches, puis on apporte les coffres qui sont placés sur les planches, de manière qu'il y ait un vide d'environ 0m,12 entre le verre et la terre ; les intervalles laissés sur la largeur entre les coffres sont bouchés avec soin, puis on monte les sentiers jusqu'au-dessus des châssis qui, eux, sont recouverts de paillassons par les temps froids, mais que l'on enlève par le soleil.

Quelques cultivateurs mettent entre le sol des planches et le châssis une couche de fumier : cette pratique est mauvaise, elle expose les asperges à prendre la *rouille.* Quelque temps qu'il fasse, *il ne faut jamais d'air aux asperges.* Au bout de quelque temps, 12, 15 jours, plus ou moins suivant l'épaisseur du sentier, la qualité du fumier, la bonne confection de la couche, la température extérieure, etc.. la chaleur commence à diminuer ; il convient alors de *remanier* les sentiers, c'est-à dire de détasser le fumier, d'enlever le plus décomposé qui est remplacé par du neuf, puis il faut reformer la couche comme avant de manière à pouvoir maintenir 18 à 20 degrès dans le sol. Dans les cultures forcées de première saison, il faut plusieurs remaniements des sentiers : dès qu'on voit baisser la température on doit s'y mettre ; mais pour les cultures de dernière saison, un seul remaniement au milieu du forçage est nécessaire. Dans tous les cas, il faut éviter avec grand soin en faisant ces diverses manipulations de fumier, de casser des carreaux, et pour cela on pose sur le bord des châssis des planches très larges.

La première récolte peut se faire suivant l'époque du forçage, et suivant la température extérieure, de 18 à 20, et même 25 jours après le commencement du forçage. Dès que les asperges sortent de terre, il faut de toute nécessité leur donner la lumière pour les faire colorer ; mais jusque là les paillassons restent utilement sur les châssis. On cueille les asperges quand elles ont 0m,015 à 0m,03 au-dessus du sol, cela dépend de l'état de fermeté dans lequel elles se présentent, et de la plus ou moins grande tendance des écailles à s'écarter. La récolte se fait à la main : les asperges sont détachées à leur naissance sur la griffe en leur imprimant une petite torsion, et en évitant pour cette opération, de rompre les jeunes pousses non encore sorties, car ces jeunes asperges sont très fragiles. S'il gêle au moment de la récolte (que l'on fait au milieu du jour) il faut s'entourer d'un paillasson ainsi que la partie levée du chassis pour éviter que le froid frappe trop vivement les plantes. C'est dire que la cueillette doit se faire vivement. La récolte peut durer, dans la même planche, 1 mois, 5 semaines au plus. Pendant le temps de la récolte, on se rend compte de la température de la terre, et si elle baisse de façon à faire *bouder* les asperges, il faut, comme il a été dit plus haut, faire un remaniement des sentiers. Pour les saisons suivantes, qui s'échelonnent d'environ 4 semaines, les soins à donner sont tout à fait les mêmes que pour celle dont je viens de parler, et que j'ai supposée être la première.

Le rendement est excessivement variable, mais comme à cette époque l'asperge a une très grande valeur, sa culture forcée bien faite est toujours rémunératrice. S'il arrive que la cueillette d'un jour ne donne pas un nombre exact de bottes, on enterre les asperges qui restent dans du sable frais, en leur laissant l'extrémité seulement exposée à la lumière, ce qui la colore en rose ; et on les joint à celles de la cueillette suivante.

Quand la récolte est terminée, on enlève les chassis, puis les sentiers sont vidés, les coffres enlevés ; les sentiers sont ensuite rebouchés avec la terre qui en provient, et on laisse alors croître l'asperge en toute liberté, *sans en cueillir*. Si la température est encore très froide il ne faut pas enlever trop brusquement le fumier des sentiers, ce qui nuirait beaucoup aux griffes. Ce fumier est excellent, mélangé avec du neuf, pour monter des couches à melon, ou pour enfouir s'il est déjà bien décomposé. Pendant l'été, les asperges poussent tout à leur aise ; mais il faut enlever avec soin les graines qui se montrent.

Dans la majorité des cas on laisse l'asperge se reposer un an sur deux ; cependant quand elle est très vigoureuse, on peut forcer deux ans de suite, et laisser un an de repos. Traitée de cette manière, une aspergerie plantée en vue de la culture forcée sur place, peut durer 12 ans, et donner pendant ce temps 7 à 9 récoltes.

Les maraîchers des environs de Paris, qui ont des loyers très chers à payer et qui veulent utiliser parfaitement leur terrain, n'opèrent pas tout à fait de même : ils préfèrent *ruiner l'asperge*, c'est-à-dire qu'ils la forcent tous les ans pendant 5 ou 6 années de suite, après quoi l'aspergerie est détruite, et ils recommencent la même chose sur une plantation neuve, faite dans cette prévision. La quantité de fumier qu'exige cette culture est d'environ 1 mètre cube par chassis, y compris les remaniements ; mais après cette culture d'asperge, le fumier est encore utilisé dans les couches tièdes, ou enfoui, ou converti en terreau.

Culture de l'Asperge blanche sur couche

Quand on n'a pas à sa disposition assez de terrain pour forcer l'asperge sur place, on fait cette culture sur couches.

Le point capital dans ce cas est *le choix des griffes*, qui doivent être préparées d'une façon spéciale. Le cultivateur peut acheter ces griffes, mais il sera plus sûr du résultat en les faisant lui-même, et de la façon suivante : Un semis est fait au printemps dans les conditions ordinaires ; l'année suivante les jeunes plantes sont repiquées en pépinière, au plantoir, à $0^m,15$ ou $0^m,20$ en tous sens ; la pépinière est recouverte de quelques centimètres de terreau, et elle reçoit les soins ordinaires d'entretien. Les asperges restent ainsi en pépinière pendant 3 ans, quelquefois 4 ans, et alors sont convenables pour la culture forcée sur couche. Les vieilles souches qui proviennent des vieilles aspergeries peuvent aussi être utilisées dans cette culture, mais elles donnent de moins beaux produits.

Quand le moment de forcer est arrivé, on prépare une couche assez forte, de fumier neuf mélangé de fumier recuit et de feuilles sèches ; cette couche qui doit au moins avoir 0 m. 50 de haut. et dépasser de 0 m. 40 la largeur du coffre, doit pouvoir donner une température de + 28 à + 30 degrés. C'est dire qu'elle doit être faite avec beaucoup de soins. Le coffre étant placé, on met une épaisseur de 0 m. 05 de terre ou de terreau sur lequel on place les griffes les unes contre les autres, sans qu'elles se recouvrent cependant. Les griffes ne sont arrachées qu'au moment où on doit s'en servir ; cet arrachage se fait à la fourche plate, pour abîmer le moins possible les racines et les turions. Quand cette culture est faite par des spécialistes, en prévision des jours de neige ou de gelée pendant lesquels on ne peut pas arracher, ces spécialistes arrachent à l'automne la provision de griffes qui leur est nécessaire pour l'hiver ; ces griffes sont enjaugées dans un cellier où il ne gèle pas, et là on les prend à mesure des besoins.

Les griffes, avons nous dit, son placées les unes à côté des autres, de manière à en mettre le plus possible sans qu'elles se recouvrent ; il en tient environ 35 à 40 par chassis. On introduit ensuite de la terre fine entre les racines, puis le tout est recouvert de 0 m. 25 à 0 m. 28 de terreau ou de terre légère, de telle façon qu'il y ait entre le vitrage du chassis et la terre, un vide de 0 m. 04 environ. En mettant moins de terre, les asperges seraient d'abord moins longues, et le bout, au lieu d'être bien ferme, serait écaillé et de mauvais aspect. La terre placée, on veille à donner de temps en temps une petite mouillure sous forme de rosée à l'asperge pour faciliter sa mise en végétation, et pour la maintenir dans un certain degré d'humidité. L'asperge cultivée sur couche pousse plus vite que celle qui estforcée sur place; la récolte peut commencer après 15 jours et dure environ 5 ou 6 semaines, après quoi les griffes sont bonnes à être jetées. Le rendement varie de 7 à 9 kilogrammes par chassis. Ce mode de culture est plus simple et moins coûteux que le forçage sur place ; il convient surtout dans les conditions où la quantité est préférée à la beauté et à la qualité; car si les asperges sont nombreuses, elles sont toujours moins belles que par le mode de culture en place.

Culture de l'asperge blanche sur place, au thermosiphon

La culture qui va suivre ne peut être faite que par des spécialistes, outillés pour cela. Par l'emploi du thermosiphon, on supplée à la rareté du fumier, ou à son prix trop élevé : on obtient une récolte plus hâtive, la chaleur étant donnée régulièrement, et placée complètement sous la dépendance du jardinier; mais ce mode exige une surveillance très grande car si le feu vient à faiblir ou à manquer une nuit, la récolte est compromise. Quand les maraîchers parisiens trouvent du fumier en suffisance, ils n'emploient pas le thermosiphon. La culture et la plantation sont les mêmes que pour la culture sur place au fumier; la disposition des planches varie un peu; les planches ne sont plus distantes que de 0 m. 30 ; les sentiers ne sont plus creusés, on les remplit simplement de fumier jusqu'en haut du coffre. L'intérieur du chassis contient encore 4 lignes d'asperges, mais placées de manière à laisser au milieu de la planche la place d'une tranchée de 0 m. 30 de profondeur, dans laquelle est placé le tuyau de thermosiphon, qui mesure environ 0 m. 10 de diamètre. Ce tuyau, simplement recouvert d'une cage en planches donne une chaleur trop sèche, trop aride ; il est préférable de l'entourer de vieux terreau, en contact immédiat avec la terre de la planche. De cette façon la chaleur du thermosiphon se répand uniformément dans toute la masse. On corrige la sécheresse de cette chaleur en arrosant de temps en temps le terreau qui se trouve sur le tuyau, ce qui donne à peu près la chaleur humide obtenue par les couches au fumier.

Chaque planche ne contenant qu'un tuyau, on est obligé pour que l'appareil puisse fonctionner, de forcer 2 planches à la fois : l'une où est le tuyau de départ ; l'autre où est le tuyau de retour.

Quand on veut forcer une plantation au thermosiphon, on pose les coffres qui sont garnis de 25 à 30 centimètres de terre ; les sentiers sont remplis de fumier, et les châssis sont ensuite placés. Au début du forçage, la température doit être modérée, puis s'élever graduellement ; de + 10°, elle doit venir à 12, 15, 18, 20, et 25 degrés, de manière à obtenir en pleine récolte une température de + 40° dans le sol, et + 25° dans l'atmosphère du châssis. Quelques binages donnés à temps pour combattre l'aridité de la chaleur complètent les soins que demande cette culture.

L'asperge forcée au thermosiphon pousse aussi vite que par la culture au fumier ; la récolte commence au bout de 12 à 15 jours après le commencement du forçage.

Si le thermosiphon n'est pas à demeure, mais mobile, on le démonte dès que la récolte est finie, pour le placer dans les planches voisines, qui sont forcées à leur tour.

Culture de l'asperge verte sur couche

Le but de cette culture est d'obtenir des asperges grêles, minces, allongées, et de couleur verte ; c'est donc tout différent de l'asperge blanche ; aussi le choix du plant et la manière de cultiver ne sont pas semblables à ceux que nous avons vus dans les cultures précédentes.

Le plant destiné à ce mode de culture doit être repiqué l'année qui suit le semis, à $0^m,15$ ou $0^m,20$ dans un sol riche et propre. Ce plant doit être bien soigné, et surtout ne pas manquer d'eau, afin de l'obtenir le plus fort possible. Il reste en pépinière pendant 3 à 4 ans sans qu'on récolte une seule asperge, et cela afin d'obtenir sur la griffe un très grand nombre de petits turions, le but de la culture, avons-nous dit, étant d'obtenir des asperges très minces. Les maraîchers de Paris commencent cette culture dès la fin de septembre, et continuent, par intervalles de 6 semaines, jusqu'en mars. Ils se procurent donc, pour l'hiver, la quantité de griffes qui leur est nécessaire. La couche sur laquelle on force est très forte, et doit donner de 35 à 40 degrés de température ; elle est faite de façon à permettre la construction d'accots tout autour du coffre. Les coffres sont plus hauts que ceux qui sont ordinairement employés pour les autres cultures : on leur donne 0m,45 par derrière, 0m,33 par devant. La couche étant terminée, les griffes sont apportées, et *placées immédiatement sur le fumier même*, après que l'on a raccourci les plus longues racines. Ces griffes sont mises près à près, les racines ramassées en faisceau de façon à pouvoir en placer de 400 à 600 par châssis, suivant la grosseur de ces griffes. On coule entre elles quelque peu de terreau fin, puis les châssis sont posés, et recouverts de paillassons. Les soins à donner sont des bassinages réguliers fréquents, mais légers, pour empêcher que les griffes brûlent, et pour concentrer dans le châssis l'humidité nécessaire. Environ 12 ou 15 jours après la plantation, la récolte est commencée, et on la continue tous les jours, ou tous les deux jours au plus. Il est aussi très important de maintenir une chaleur régulière dans la couche, chose facile, en remaniant les accots ; puis de donner tous les jours un peu d'air, et le plus de lumière possible, afin que les asperges soient fermes et bien vertes.

Après la récolte qui peut durer 6 semaines, les asperges ne sont plus bonnes qu'à être jetées. Un châssis peut fournir de 30 à 50 petites bottes, de 50 grammes chacune.

Culture de l'asperge verte au thermosiphon

Cette culture, comme celle de l'asperge blanche au thermosiphon, n'est faite que par des spécialistes. On donne vulgairement à ceux qui cultivent ainsi l'asperge verte, le nom de *brûleurs d'asperges*. Cette culture se fait en serre, où on a installé des bâches ou des coffres vitrés ; c'est donc sous double vitrage qu'opèrent les industriels qui s'occupent de cette culture. Voici en peu de mots comment ils procèdent : dans la serre, des coffres de 1 mètre de profondeur sont placés ; dans le fond de ces coffres, à 0m,30 ou 0m,35 du sol, sont disposés 2 ou 3 rangs de tuyaux de thermosiphon, recouverts par un plancher en bois, ou mieux, en tuiles mal jointes. Une légère couche de terreau est mise sur ce plancher, où les griffes sont placées dans les mêmes conditions que dans la culture de l'asperge verte sur couche. Les soins à donner se bornent à des seringuages en quantité su fisante. La récolte se fait environ 8 jours après le commencement du forçage, et peut durer quinze jours. Les saisons se succèdent donc toutes les 3 semaines. Plus la chaleur du thermosiphon est grande, plus vite va la végétation, et plus fines sont les asperges. Un horticulteur est parvenu, avec ce mode de culture, à obtenir des asperges vertes au bout de 48 heures, ce qui est un véritable tour de force.

On comprend sans peine que pour alimenter une telle culture, qui n'est en somme qu'une industrie, il faut avoir en réserve et sous la main une quantité considérable de griffes préparées pour ce mode de culture.

Porte-graines

L'asperge ne se multiplie que de graines. Le semis est généralement fait par des spécialistes marchands qui vendent les jeunes plantes au cultivateur sous le nom de *griffes*.

Ces graines sont récoltées sur des pieds de choix, provenant de griffes vigoureuses, donnant peu mais de beaux turions ; ils doivent être âgés de 6 à 10 ans. Il est bon de les planter à part, ou de les marquer dans la plantation. Dans tous les cas on ne doit rien couper sur les pieds destinés à fournir les graines : car ce sont les premiers turions qui fournissent les meilleures. On ne laisse sur la souche qu'un petit nombre de tiges, 5 ou 6, (les dernières venues sont supprimées). Il est indispensable de tuteurer pour que le vent ou la pluie ne cassent rien.

Pour s'assurer des graines de 1er choix, on fait une éclaircie des baies si elles sont trop nombreuses, supprimant principalement celles de l'extrémité et celles de la base du rameau, ainsi que celles qui sont nées sur des ramifications trop faibles. Le pincement de la tige produit de bons effets en concentrant la végétation sur les baies conservées.

La récolte a lieu dans la première quinzaine de novembre quand les baies sont bien mûres; on les cueille à la main. Elles sont ensuite écrasées puis lavées à grande eau pour débarrasser les graines de la pulpe; puis ces graines sont étendues en couche mince dans un endroit aéré, mais ombré, où on les remue de temps en temps. Quand elles sont bien sèches, on peut les conserver en sac. Elles gardent leur faculté germinative pendant quatre, même cinq années ; mais les graines de un ou deux ans sont employées de préférence.

Animaux et maladies qui nuisent a l'asperge

En dehors des animaux nuisibles qui s'attaquent à toutes les cultures sans distinction, tels que les limaces, les vers blancs, etc., l'asperge n'est guère attaquée que par deux insectes spéciaux, tous deux du genre Criocère, le Criocère de l'asperge et le C. à 12 points, du groupe des Coléoptères, qui fournit les insectes les plus dévastateurs. Ce groupe est celui des Chrysoméliens, parmi lesquels nous rencontrons les Cassidies, qui vivent aux dépens de l'artichaut et des betteraves, l'Eumolpe de la vigne, le Négril des luzernes du Midi, les Chrysomèles et les Galéruques des peupliers ; les Doryphora de la pomme de terre, les Altises des crucifères, etc. Nos Criocères de l'asperge comme leurs cousins, les Criocères du Lys, ne gagnent pas en réputation étant en si mauvaise compagnie.

Les Criocères ne sont nuisibles qu'à l'état de larves, mais alors ils détruiraient vite une pépinière d'asperge si on n'y mettait ordre, et c'est, nous l'avons déjà dit, pour se garer des dégâts de cet insecte qu'on fait les semis en juillet. Les moyens recommandés pour détruire le criocère demandent beaucoup de main-d'œuvre : dans les pépinières, on passe un balai sur les jeunes tiges pour les secouer et faire tomber les larves ; puis on jette alors sur le sol de l'eau et de la cendre vive. Il se forme alors une sorte de lessive caustique à base de potasse et de chaux, qui tue les larves. D'autres fois, on prend un vase en entonnoir à très large ouverture, rempli d'eau de savon noir : matin et soir, quand l'insecte est encore engourdi les tiges d'asperge sont inclinées au-dessus du vase : on donne alors un coup sec qui fait tomber les larves dans le liquide où elles périssent. Quelques personnes se contentent de secouer les tiges et de faire tomber les larves à terre ; mais ce procédé n'est pas suffisant, car elles peuvent remonter.

On ne connaît pas de maladie spéciale à l'asperge, sauf une sorte de rouille, nommée *Uredo asparagi*, produite par un champignon. On la rencontre très rarement, et encore les dégâts que cette rouille occasionne ne sont pas considérables. Si elle prend des proportions inquiétantes, on peut essayer de la combattre soit avec du soufre, soit avec des liquides cuivrés.

J. GÉROME,

ancien élève de l'Ecole d'horticulture de Versailles.

Nancy. — Imp. Crépin-Leblond, passage du Casino.

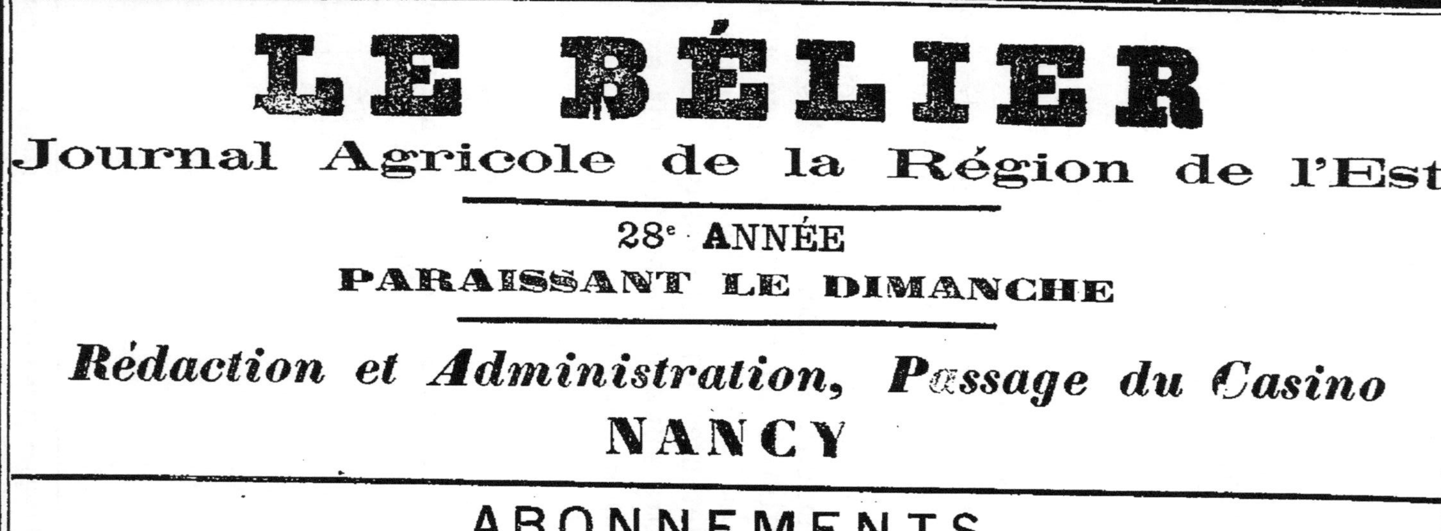

www.ingramcontent.com/pod-product-compliance
Ingram Content Group UK Ltd.
Pitfield, Milton Keynes, MK11 3LW, UK
UKHW021031180726
13838UKWH00004B/1732